汽车电控系统
实训指导书

主　编　赵长海　黄启敏
副主编　胡　兴　魏陈程　蒙纪元　卢德胜

北京理工大学出版社
BEIJING INSTITUTE OF TECHNOLOGY PRESS

内容简介

本书根据职业学校的教学实际，以现实汽车电控系统维修常见案例作为实训依据，根据实际教学需求，有针对性地设置实训教学任务，增强学生实际动手能力。每个项目均在实车上完成，贴近实践，增强学生对修理过程的真实感受。本书根据教材相对应地设计了 11 个项目供不同学校根据自身条件有选择性地完成。全书始终贯穿"7S"管理模式，以使学生具有良好的职业素养，为学生就业打好扎实的基础。

全书讲解清晰、简练，配有大量的图片，明了直观。本书适合作为职业院校汽车专业教材，也可作为汽车售后服务站专业技术人员的培训教材。

图书在版编目（CIP）数据

汽车电控系统实训指导书 / 赵长海，黄启敏主编 . —北京：北京理工大学出版社，2017.7
ISBN 978-7-5682-4506-7

Ⅰ.①汽… Ⅱ.①赵… ②黄… Ⅲ.①汽车—电子系统—控制系统—维修—高等职业教育—教学参考资料 Ⅳ.① U472.41

中国版本图书馆 CIP 数据核字（2017）第 185147 号

出版发行 / 北京理工大学出版社有限责任公司
社　　址 / 北京市海淀区中关村南大街 5 号
邮　　编 / 100081
电　　话 /（010）68914775（总编室）
　　　　　（010）82562903（教材售后服务热线）
　　　　　（010）68948351（其他图书服务热线）
网　　址 / http://www.bitpress.com.cn
经　　销 / 全国各地新华书店
印　　刷 / 北京佳创奇点彩色印刷有限公司
开　　本 / 787 毫米 ×1092 毫米　1/16
印　　张 / 5.25
字　　数 / 111 千字
版　　次 / 2017 年 7 月第 1 版　2017 年 7 月第 1 次印刷
定　　价 / 20.00 元

责任编辑 / 陆世立
文案编辑 / 陆世立
责任校对 / 周瑞红
责任印制 / 边心超

前　言

截至 2016 年年底，我国汽车保有量已经突破了 1.94 亿辆。随着汽车电子技术的不断发展，车辆上电控系统的数量不断增多，而且功能也越来越复杂。特别是建立在先进传感技术基础上的故障诊断系统在各种汽车上大量应用之后，各种现代化检测诊断仪器和维修技术也应运而生，现代汽车已发展成为机电一体化的高科技载体。这给汽车维修业带来了极大的机遇和挑战，同时也对汽车维修人员的技术水平提出了更高、更新的要求。汽车电控系统维修是汽车专业学生必须掌握的核心课程之一。

同时，为了解决学生学不懂、学习兴趣不浓、教材内容枯燥乏味，老师不好教等问题，北京理工大学出版社特邀请一批知名行业专家、学者以及一线骨干老师结合新的专业教学标准，规划出版了该套图解版汽车职业教育系列教材。

本系列教材坚持如下定位：

◇ 以就业为导向，培养学生的实际运用能力，以达到学以致用的目的；

◇ 以科学性、实用性、通用性为原则，以使教材符合职业教育汽车类课程体系设置；

◇ 以提高学生综合素质为基础，充分考虑对学生个人能力的提高；

◇ 以内容为核心，注重形式的灵活性，以便于学生接受。

本系列坚持理论知识图解化的基本理念，教材配有大量的插图、表格和立体化教学资源，介绍了大量的故障诊断、维修服务和营销案例。

◇ 在内容上强调面向应用、任务驱动、精选案例、严控质量；

◇ 在风格上力求文字简练、脉络清晰、图表明快、版式新颖；

◇ 在理论阐述上，遵循"必需"、"够用"的原则，在保证知识体系相对完整的同时，做到知识讲解实用、简洁和生动。

本书根据职业学校的教学实际，以现实汽车电控系统维修常见案例作为实训依据，根据实际教学需求，有针对性地设置实训教学任务，增强学生实际动手能力。每个项目均在实车上完成，贴近实践，增强学生对修理过程的真实感受。本书根据教材相对应地设计了 11 个项目供不同学校根据自身条件有选择性地完成。全书始终贯穿"7S"管理模式，以使学生具有良好的职业素养，为学生就业打好扎实的基础。

本书图文并茂、通俗易懂，适合作为职业院校汽车专业教材，也可作为汽车售后服务站专业技术人员的培训教材。

由于作者水平有限，书中可能会有疏漏和不妥之处，欢迎读者批评指正。

编　者

目 录

项目一 | 进气温度 / 压力传感器检测

一、实训目的

（1）掌握进气温度 / 压力传感器的结构及工作原理。

（2）掌握进气温度 / 压力传感器故障对整个电子控制系统（简称电控系统）的影响。

（3）掌握进气温度 / 压力传感器的检测方法及数据分析方法。

二、实训前准备

（1）丰田卡罗拉汽车 1ZR 发动机 3 台。

（2）数字万用表 3 台。

（3）常用组合工具 3 套。

（4）示波器 1 台。

（5）电热吹风器、红外线灯或热水加热器。

三、老师讲解示范

（1）拆卸。

（2）检查。

（3）安装。

四、实训管理

（1）学生分组：每组 4~5 人。先让学生自己分组，选出 1 名组长并记录名字，然后视情况进行适当调整，如表 1 所示。

表1 学生分组表

第一组	第二组	第三组	第四组
组长：	组长：	组长：	组长：
成员：	成员：	成员：	成员：

（2）学生组长：协调成员，规范学生操作（表2）并收集遇到的问题。

表2 学生规范操作表（一）

第___组			
姓名：	姓名：	姓名：	姓名：
是否串岗（　　）	是否串岗（　　）	是否串岗（　　）	是否串岗（　　）
是否完成项目（　　）	是否完成项目（　　）	是否完成项目（　　）	是否完成项目（　　）
评价：优、良、差	评价：优、良、差	评价：优、良、差	评价：优、良、差

（3）老师指导：对操作现场进行安全检查，提醒学生注意安全，规范学生操作（表3），解决并收集学生遇到的问题，指导班长协助管理，如表3所示。

表3 学生规范操作表（二）

班长：

第一组组长	第二组组长	第三组组长	第四组组长
是否串岗（　　）	是否串岗（　　）	是否串岗（　　）	是否串岗（　　）
是否协调成员（　　）	是否协调成员（　　）	是否协调成员（　　）	是否协调成员（　　）
评价：优、良、差	评价：优、良、差	评价：优、良、差	评价：优、良、差

五、实训操作

1. 拆卸

进气温度/压力传感器安装在进气管上或用一根真空管连接安装在发动机舱中，如图1所示。拆下两个固定螺栓，即可取下进气温度/压力传感器。

2. 检查

（1）进气歧管绝对温度／压力传感器的种类很多，其中电容式和半导体压敏电阻式进气温度／压力传感器在当今发动机电控系统中应用较为广泛。压敏电阻式进气温度／压力传感器的信号是电压型的，电容式进气温度／压力传感器的信号是频率型的，如图 2 所示。

图 1　进气温度／压力传感器

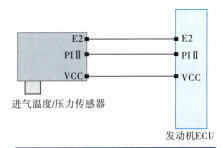

图 2　进气温度／压力传感器电路

（2）进气温度／压力传感器都是 3 线的：一根电源线，一根信号线，一根接搭铁线。拔开进气温度／压力传感器的插头，接通点火开关，电源线的开路电压约 +5V。用万用表检测时因信号类型不同，应选用不同的挡位，电压信号选用直流电压挡，频率信号选用频率挡。

丰田汽车进气温度／压力传感器输出的是电压信号，用万用表检测方法如下：接通点火开关，端子 VCC 和 E2 之间的信号电压应当是 4.5 ~ 5.5V。ECU 端子 PIM 与 E2 之间的信号电压应当是 3.3 ~ 3.9V，发动机怠速时信号电压约 1.5V 左右，随着节气门开度的增加，信号电压应上升。

3. 安装

按拆卸时相反的顺序安装。

> **注 意**
>
> 安装时，确保 O 形圈没有破裂或卡住。

 六、练习与思考

（1）进气温度／压力传感器的拆装步骤有哪些？

（2）如何对进气温度／压力传感器进行检测？

七、实训报告

（1）成员实训报告如表4所示。

表4　成员实训报告

姓名		班级		分组		日期	
实训项目							
实训内容							
自己评语							
老师评语							

（2）组长实训报告如表5所示。

表5　组长实训报告

姓名		班级		分组		日期	
实训项目							
实训内容							
第　　　组							
姓名：		姓名：		姓名：		姓名：	
是否串岗（　　）		是否串岗（　　）		是否串岗（　　）		是否串岗（　　）	
是否完成项目（　　）		是否完成项目（　　）		是否完成项目（　　）		是否完成项目（　　）	
评价：优、良、差		评价：优、良、差		评价：优、良、差		评价：优、良、差	
自己评语							
老师评语							

（3）班长实训报告如表6所示。

表6 班长实训报告

姓名		班级		分组		日期	
实训项目							
实训内容							

第一组	第二组	第三组	第四组
是否串岗（ ）	是否串岗（ ）	是否串岗（ ）	是否串岗（ ）
是否完成项目（ ）	是否完成项目（ ）	是否完成项目（ ）	是否完成项目（ ）
评价：优、良、差	评价：优、良、差	评价：优、良、差	评价：优、良、差

自己评语	
老师评语	

项目二 节气门位置传感器检测

一、实训目的

（1）掌握节气门位置传感器的结构及工作原理。

（2）掌握节气门位置传感器故障对整个电控系统的影响。

（3）掌握节气门位置传感器的检测方法及数据分析方法。

二、实训前准备

（1）丰田卡罗拉汽车 1ZR 发动机 3 台。

（2）数字万用表 3 台。

（3）常用组合工具 1 套。

（4）示波器 1 台。

（5）化油器清洗剂 3 罐。

三、老师讲解示范

（1）拆卸。

（2）检查。

（3）安装。

四、实训管理

（1）学生分组：每组 4~5 人。先让学生自己分组，选出 1 名组长并记录名字，然后视情况进行适当调整，如表 7 所示。

表 7　学生分组表

第一组	第二组	第三组	第四组
组长：	组长：	组长：	组长：
成员：	成员：	成员：	成员：

（2）学生组长：协调成员，规范学生操作（表 8）并收集遇到的问题。

表 8　学生规范操作表（一）

第___组			
姓名：	姓名：	姓名：	姓名：
是否串岗（　　）	是否串岗（　　）	是否串岗（　　）	是否串岗（　　）
是否完成项目（　　）	是否完成项目（　　）	是否完成项目（　　）	是否完成项目（　　）
评价：优、良、差	评价：优、良、差	评价：优、良、差	评价：优、良、差

（3）老师指导：对操作现场进行安全检查，提醒学生注意安全，规范学生操作（表 9），解决并收集学生遇到的问题，指导班长协助管理。

表 9　学生规范操作表（二）

班长：

第一组组长	第二组组长	第三组组长	第四组组长
是否串岗（　　）	是否串岗（　　）	是否串岗（　　）	是否串岗（　　）
是否协调成员（　　）	是否协调成员（　　）	是否协调成员（　　）	是否协调成员（　　）
评价：优、良、差	评价：优、良、差	评价：优、良、差	评价：优、良、差

 五、实训操作

1.拆卸

拆卸节气门体，不要拆解传感器，如图 3 所示。

2.检查

图 3　拆卸节气门体

（1）检测节气门位置传感器数据。接通点火开关，踩动加速踏板，并检测节气门位置传感器数据，VTA1 读数应该在 0.5 ～ 4.9V 之间连续变化，VTA2 读数应该在 2.1 ～ 5.0V 之间连续变化。发动机节气门位置传感器控制电路，如图 4 所示。

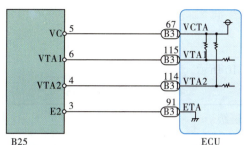

图4　发动机节气门位置传感器控制电路

（2）检查传感器线束及插接器

①拆下传感器插接器（图5）及ECU插接器（图6），用万用表测 B25-5—B31-67、B25-6—B31-115、B25-4—B31-114、B25-3—B31-91 之间的电阻，应小于1Ω。

②测量 B25-5 或 B31-67—车身搭铁、B25-6 或 B31-115—车身搭铁、B25-4 或 B31-114—车身搭铁、B25-3 或 B31-91—车身搭铁之间的电阻，应大于10kΩ。

如果不符合要求，则维修或更换线束或插接器。

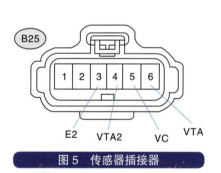

图5　传感器插接器

图6　ECU插接器

（3）检查传感器的工作电压（VC）。连接ECU插接器，接通点火开关，用万用表测 B25-5 与 B25-3 之间的电压，应为 4.5 ~ 5.5V，否则，检查 ECU 电源电路，如果 ECU 电源电路正常，则更换 ECU。

3. 安装

按拆卸时相反的顺序安装。更换密衬垫，螺栓规定扭矩为 10N·m。

六、练习与思考

（1）如何对节气门位置传感器进行检测？

（2）如何对节气门进行拆装？

七、实训报告

（1）成员实训报告如表10所示。

表 10　成员实训报告

姓名		班级		分组		日期	
实训项目							
实训内容							
自己评语							
老师评语							

（2）组长实训报告如表 11 所示。

表 11　组长实训报告

姓名		班级		分组		日期	
实训项目							
实训内容							
			第　　　组				
姓名：		姓名：		姓名：		姓名：	
是否串岗（　）		是否串岗（　）		是否串岗（　）		是否串岗（　）	
是否完成项目（　）		是否完成项目（　）		是否完成项目（　）		是否完成项目（　）	
评价：优、良、差		评价：优、良、差		评价：优、良、差		评价：优、良、差	
自己评语							
老师评语							

（3）班长实训报告如表 12 所示。

表 12　班长实训报告

姓名		班级		分组		日期	
实训项目							
实训内容							
第一组		第二组		第三组		第四组	
是否串岗（　）		是否串岗（　）		是否串岗（　）		是否串岗（　）	
是否完成项目（　）		是否完成项目（　）		是否完成项目（　）		是否完成项目（　）	
评价：优、良、差		评价：优、良、差		评价：优、良、差		评价：优、良、差	
自己评语							
老师评语							

项目三 空气流量传感器检测

一、实训目的

（1）掌握空气流量传感器的结构及工作原理。

（2）掌握空气流量传感器故障对整个电控系统的影响。

（3）掌握空气流量传感器的检测方法及数据分析方法。

二、实训前准备

（1）丰田卡罗拉汽车 1ZR 发动机 3 台。

（2）数字万用表 3 台。

（3）常用组合工具 3 套。

（4）示波器 1 台。

（5）桑塔纳 3000 汽车 1 辆。

三、老师讲解示范

（1）拆卸。

（2）检查。

（3）安装。

四、实训管理

（1）学生分组：每组 4~5 人。先让学生自己分组，选出 1 名组长并记录名字，然后视情况进行适当调整，如表 13 所示。

表13　学生分组表

第一组	第二组	第三组	第四组
组长：	组长：	组长：	组长：
成员：	成员：	成员：	成员：

（2）学生组长：协调成员，规范学生操作（表14）并收集遇到的问题。

表14　学生规范操作（一）

第＿＿组			
姓名：	姓名：	姓名：	姓名：
是否串岗（　　）	是否串岗（　　）	是否串岗（　　）	是否串岗（　　）
是否完成项目（　　）	是否完成项目（　　）	是否完成项目（　　）	是否完成项目（　　）
评价：优、良、差	评价：优、良、差	评价：优、良、差	评价：优、良、差

（3）老师指导：对操作现场进行安全检查，提醒学生注意安全，规范学生操作（表15），解决并收集学生遇到的问题，指导班长协助管理。

表15　学生规范操作表（二）

班长：

第一组组长	第二组组长	第三组组长	第四组组长
是否串岗（　　）	是否串岗（　　）	是否串岗（　　）	是否串岗（　　）
是否协调成员（　　）	是否协调成员（　　）	是否协调成员（　　）	是否协调成员（　　）
评价：优、良、差	评价：优、良、差	评价：优、良、差	评价：优、良、差

 五、实训操作

1.拆卸

拆卸空气流量传感器插接器，如图7所示。

（1）断开空气流量传感器插接器。

（2）拆下两个螺钉和空气流量传感器。

图7　拆卸空气流量传感器插接器

2.检查

下面以桑塔纳汽车为例，讲述空气流量传感器的检查方法。

（1）识别空气流量传感器的位置。空气流量传感器安装在空气滤清器壳体与进气软管之间，如图8所示。

图8　空气流量传感器的位置

（2）空气流量计。空气流量计（图9）的引脚功能如下：1引脚悬空，2引脚为12V，3引脚为ECU内搭铁，4引脚为5V参考电压，5引脚为传感器信号（怠速时5脚电压为1.4V，急加速时5脚电压为2.8V）。

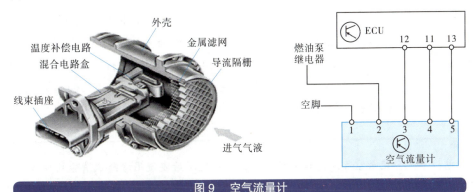

图9　空气流量计

（3）电阻测试。电阻测试即主要检测线束的导通性，以确认线束通畅，无断路短路，插接器牢靠，各信号传递无干扰。

①将数字万用表调至电阻200Ω挡，按图9所示找到空气流量计引脚号与ECU信号测试端口图相应的引脚号，分别测试空气流量计3、4、5引脚对应至电控单元12、11、13引脚的电阻，所有电阻都应低于1Ω。

②将数字万用表调至电阻200Ω挡，测量空气流量计2引脚与电控单元11、12、13引脚之间电阻应为∞，测量空气流量计引脚与电控单元3-11、13，4-12、13，5-11、12引脚之间电阻均应不∞。

注·意

在实际维修中，欲测试各条线束的导通性，应关闭点火开关，拔下传感器插头与电控单元插接器，使用数字万用表分别测量各线束间的电阻，相连导线电阻应当小于1Ω（尽量接近零）表示为正常。在实际测量中，由于测量方法、万用表本身的误差以及被测物体表面的氧化与污染等因素，测量结果略有误差属正常现象。

（4）电压测试。电压测试有电源电压测试和信号电压测试两部分，其中信号电压测试是确定空气流量计是否失效的主要依据。

①电源电压测试。打开点火开关，将数字万用表调至直流电压20V挡。红色表笔置于空气流量计2引脚，黑色表笔置于电瓶负极或发动机进气歧管壳体，起动发动机时数字万用表应显示12V；红色表笔置于空气流量计4引脚，黑色表笔置于电瓶负极或发动机进气歧管壳体，数字万用表应显示5V。

②信号电压测试。信号电压测试分就车测试和拆件测试两部分。

●就车测试。起动发动机至工作温度，将数字万用表调至直流电压20V挡，测量空气流量计5引脚的反馈信号，红色表笔置于空气流量计5引脚，黑色表笔置于空气流量计3引脚、电瓶负极或进气歧管壳体，怠速时数字万用表应显示电压1.5V左右；急踩加速踏板时数字万用表应显示2.8V变化。若不符合上述变化，或电压反而下降，在电源电压与参考电压完好的前提下，可以断定空气流量计损坏，必须更换。

●拆件测试。取一空气流量计总成部件，将12V/5V变压器12V电压或电瓶电压施加在空气流量计电器插座2引脚上，将5V电压施加在空气流量计电器插座4引脚上，将数字万用表调至直流电压20V挡，测量空气流量计电器插座3引脚和5引脚，应有1.5V左右电压；使用吹风机从空气流量计隔栅一端向空气流量计吹入冷空气或加热的空气，测量空气流量计电器插座3引脚和5引脚，电压应瞬时上升至2.8V回落。不能满足上述条件，可以判定空气流量计有故障。

> **注 意**
>
> 此时电控单元会记录空气流量计的故障码，测试完毕后要使用诊断仪清除故障码。

（5）目视检查空气流量传感器的铂热丝（加热器）上是否存在异物。如果结果不符合规定，则更换空气流量传感器。

（6）测量电阻。如果结果不符合规定，则更换空气流量传感器。

3. 安装

（1）用两个螺钉安装空气流量传感器。
（2）连接空气流量传感器插接器。

> **注 意**
>
> 安装时，确保O形圈没有破裂或卡住。

六、练习与思考

（1）如何对空气流量传感器进行拆装？
（2）如何对空气流量传感器进行检测？

七、实训报告

（1）成员实训报告如表16所示。

表 16　成员实训报告

姓名		班级		分组		日期	
实训项目							
实训内容							
自己评语							
老师评语							

（2）组长实训报告如表 17 所示。

表 17　组长实训报告

姓名		班级		分组		日期	
实训项目							
实训内容							
第　　组							
姓名：		姓名：		姓名：		姓名：	
是否串岗（　）		是否串岗（　）		是否串岗（　）		是否串岗（　）	
是否完成项目（　）		是否完成项目（　）		是否完成项目（　）		是否完成项目（　）	
评价：优、良、差		评价：优、良、差		评价：优、良、差		评价：优、良、差	
自己评语							
老师评语							

（3）班长实训报告如表 18 所示。

表 18　班长实训报告

姓名		班级		分组		日期	
实训项目							
实训内容							
第一组		第二组		第三组		第四组	
是否串岗（　　）		是否串岗（　　）		是否串岗（　　）		是否串岗（　　）	
是否完成项目（　　）		是否完成项目（　　）		是否完成项目（　　）		是否完成项目（　　）	
评价：优、良、差		评价：优、良、差		评价：优、良、差		评价：优、良、差	
自己评语							
老师评语							

项目四　冷却液温度传感器检测

一、实训目的

（1）掌握冷却液温度传感器的结构及工作原理。

（2）掌握冷却液温度传感器故障对整个电控系统的影响。

（3）掌握冷却液温度传感器的检测方法及数据分析方法。

二、实训前准备

（1）丰田卡罗拉汽车 1ZR 发动机 3 台。

（2）数字万用表 3 台。

（3）常用组合工具 1 套。

（4）电热吹风器、红外线灯或热水加热器。

三、老师讲解示范

（1）拆卸。

（2）检查。

（3）安装。

四、实训管理

（1）学生分组：每组 4~5 人。先让学生自己分组，选出 1 名组长并记录名字，然后视情况进行适当调整，如表 19 所示。

表 19　学生分组表

第一组	第二组	第三组	第四组
组长：	组长：	组长：	组长：
成员：	成员：	成员：	成员：

（2）学生组长：协调成员，规范学生操作（表 20）并收集遇到的问题。

表 20　学生规范操作表（一）

第　　　组			
姓名：	姓名：	姓名：	姓名：
是否串岗（　　）	是否串岗（　　）	是否串岗（　　）	是否串岗（　　）
是否完成项目（　　）	是否完成项目（　　）	是否完成项目（　　）	是否完成项目（　　）
评价：优、良、差	评价：优、良、差	评价：优、良、差	评价：优、良、差

（3）老师指导：对操作现场进行安全检查，提醒学生注意安全，规范学生操作（表 21），解决并收集学生遇到的问题，指导班长协助管理。

表 21　学生规范操作表（二）

班长：

第一组组长	第二组组长	第三组组长	第四组组长
是否串岗（　　）	是否串岗（　　）	是否串岗（　　）	是否串岗（　　）
是否协调成员（　　）	是否协调成员（　　）	是否协调成员（　　）	是否协调成员（　　）
评价：优、良、差	评价：优、良、差	评价：优、良、差	评价：优、良、差

 五、实训操作

1. 拆卸

（1）排净发动机冷却液。

（2）拆卸气缸盖罩。

（3）拆卸空气滤清器盖分总成。

（4）拆卸空气滤清器壳。

（5）拆卸发动机冷却液温度传感器，如图 10 所示。

①断开发动机冷却液温度传感器插接器。

②使用专用工具拆下发动机冷却液温度传感器和衬垫。

图 10　拆卸发动机冷却液温度传感器

2. 检查

检查冷却液温度传感器可采用在路检测方法和开路检测方法。

（1）在路检测方法。

①冷却液温度传感器的插头上一般有两根线，一根是信号搭铁回路线，另一根是信号线。首先拔下冷却液温度传感器的插头，打开点火开关，把数字万用表的两个表笔分别插入拔下的插头两端，万用表上显示的电压应该在 4.7~5.0V 之间，若显示负值，可以互换表笔，如果没有电压或电压很低，就要检查线路和电脑板信号端是否正常。

②信号电压正常后，插回插头，电压有所降低，然后起动发动机运转，观察到电压随不同温度变化。水温越低则电压越高，水温越高则电压越低，如果电压变化符合此规律，基本可以认为传感器是好的。

（2）开路检测方法。关闭点火开关，拔掉冷却液温度传感器插头，从发动机上拆下传感器，用数字万用表的电阻挡测量传感器两个端子与外壳之间的电阻，阻值均应为兆欧以上。用万用表测量传感器两端子之间的电阻，阻值应在 20kΩ 以下，把冷却液温度传感器的探头放入一个盛有热水的容器中，这个阻值随温度变化，如图 11 和表 22 所示。

如果结果不符合规定，则更换传感器。

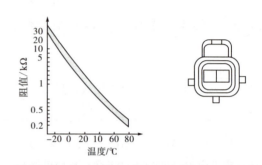

图 11　检查发动机冷却液温度传感器并测量电阻

表 22　标准电阻表

检测仪连接	温度条件 /℃（℉）	规定状态 /kΩ
1—2	20（68）	2.32~2.59
	80（176）	0.310~0.326

> **注　意**
>
> 在水中检查发动机冷却液温度传感器时，不要让冷却液进入端子，检查后，应使传感器干燥。

3. 安装

（1）安装空气滤清器壳。

（2）安装空气滤清器盖分总成。

（3）安装气缸盖罩。

（4）添加发动机冷却液。

（5）检查冷却液是否泄漏。

 六、练习与思考

（1）拆装冷却液温度传感器时应注意什么？

（2）如何对冷却液温度传感器进行检测？

七、实训报告

（1）成员实训报告如表23所示。

表23　成员实训报告

姓名		班级		分组		日期	
实训项目							
实训内容							
自己评语							
老师评语							

（2）组长实训报告如表 24 所示。

表 24　组长实训报告

姓名		班级			分组		日期	
实训项目								
实训内容								
第　　　组								
姓名：		姓名：			姓名：		姓名：	
是否串岗（　　）		是否串岗（　　）			是否串岗（　　）		是否串岗（　　）	
是否完成项目（　　）		是否完成项目（　　）			是否完成项目（　　）		是否完成项目（　　）	
评价：优、良、差		评价：优、良、差			评价：优、良、差		评价：优、良、差	
自己评语								
老师评语								

（3）班长实训报告如表25所示。

表 25　班长实训报告

姓名		班级		分组		日期	
实训项目							
实训内容							
第一组		第二组		第三组		第四组	
是否串岗（　　）		是否串岗（　　）		是否串岗（　　）		是否串岗（　　）	
是否完成项目（　　）		是否完成项目（　　）		是否完成项目（　　）		是否完成项目（　　）	
评价：优、良、差		评价：优、良、差		评价：优、良、差		评价：优、良、差	
自己评语							
老师评语							

项目五　爆燃传感器检测

一、实训目的

（1）掌握爆燃传热器的结构及工作原理。

（2）掌握爆燃传热器故障对整个电控系统的影响。

（3）掌握爆燃传热器的检测方法及数据分析方法。

二、实训前准备

（1）丰田卡罗拉汽车 1ZR 发动机 3 台。

（2）数字万用表 3 台。

（3）常用组合工具 1 套。

（4）示波器 1 台。

三、老师讲解示范

（1）拆卸。

（2）检查。

（3）安装。

四、实训管理

（1）学生分组：每组 4~5 人。先让学生自己分组，选出 1 名组长并记录名字，然后视情况进行适当调整，如表 26 所示。

表 26　学生分组表

第一组	第二组	第三组	第四组
组长：	组长：	组长：	组长：
成员：	成员：	成员：	成员：

（2）学生组长：协调成员，规范学生操作（表 27）并收集遇到的问题。

表 27　学生规范操作表（一）

第＿＿＿组			
姓名：	姓名：	姓名：	姓名：
是否串岗（　　）	是否串岗（　　）	是否串岗（　　）	是否串岗（　　）
是否完成项目（　　）	是否完成项目（　　）	是否完成项目（　　）	是否完成项目（　　）
评价：优、良、差	评价：优、良、差	评价：优、良、差	评价：优、良、差

（3）老师指导：对操作现场进行安全检查，提醒学生注意安全，规范学生操作（表 28），解决并收集学生遇到的问题，指导班长协助管理。

表 28　学生规范操作表（二）

班长：

第一组组长	第二组组长	第三组组长	第四组组长
是否串岗（　　）	是否串岗（　　）	是否串岗（　　）	是否串岗（　　）
是否协调成员（　　）	是否协调成员（　　）	是否协调成员（　　）	是否协调成员（　　）
评价：优、良、差	评价：优、良、差	评价：优、良、差	评价：优、良、差

 五、实训操作

1．拆卸

（1）断开爆燃传热器插接器。

（2）拆下螺栓和爆燃传热器，如图 12 所示。

图 12　拆下螺栓和爆燃传感器

2. 检查

汽车爆燃传热器是一种振动传感器，其检测方法很简单，可使用示波器或用指针式万用表测量传感器的输出电压。爆燃传热器插头有 3 个插针，其中一个是屏蔽层，在电路中接搭铁，另外两个插针用于输出信号，连接汽车电脑（ECU）。测量时将示波器（或万用表）的表笔连接在传感器的信号输出端子上，然后用木棒敲击爆燃传热器，则示波器显示一个脉冲电压波形（用万用表测量时指针会瞬时偏转），若敲击传感器时没有电压输出，说明传感器损坏。

> **注　意**
>
> 使用力臂长度为 300mm 的扭力扳手。

3. 安装

（1）用螺栓安装爆燃传热器，如图 13 所示。

拧紧力矩：20N·m

（2）连接爆燃传热器插接器。

图 13　安装爆燃传感器

 六、练习与思考

（1）如何对爆燃传热器进行检测？

（2）如何拆装爆燃传热器？

七、实训报告

（1）成员实训报告如表 29 所示。

表 29　成员实训报告

姓名		班级		分组		日期	
实训项目							
实训内容							
自己评语							
老师评语							

（2）组长实训报告如表30所示。

表 30　组长实训报告

姓名		班级		分组		日期	
实训项目							
实训内容							

第　　　组			
姓名：	姓名：	姓名：	姓名：
是否串岗（　）	是否串岗（　）	是否串岗（　）	是否串岗（　）
是否完成项目（　）	是否完成项目（　）	是否完成项目（　　）	是否完成项目（　）
评价：优、良、差	评价：优、良、差	评价：优、良、差	评价：优、良、差

自己评语	
老师评语	

（3）班长实训报告如表31所示。

表31　班长实训报告

姓名		班级		分组		日期	
实训项目							
实训内容							
第一组		第二组		第三组		第四组	
是否串岗（　）		是否串岗（　）		是否串岗（　）		是否串岗（　）	
是否完成项目（　）		是否完成项目（　）		是否完成项目（　）		是否完成项目（　）	
评价：优、良、差		评价：优、良、差		评价：优、良、差		评价：优、良、差	
自己评语							
老师评语							

项目六 氧传感器检测

一、实训目的

（1）掌握氧传感器的结构及工作原理。

（2）掌握氧传感器故障对整个电控系统的影响。

（3）掌握氧传感器的检测方法及数据分析方法。

二、实训前准备

（1）丰田卡罗拉汽车 1ZR 发动机 3 台。

（2）数字万用表 3 台。

（3）常用组合工具 1 套。

（4）示波器 1 台。

三、老师讲解示范

（1）拆卸。

（2）检查。

（3）安装。

四、实训管理

（1）学生分组：每组 4~5 人。先让学生自己分组，选出 1 名组长并记录名字，然后视情况进行适当调整，如表 32 所示。

表32　学生分组表

第一组	第二组	第三组	第四组
组长：	组长：	组长：	组长：
成员：	成员：	成员：	成员：

（2）学生组长：协调成员，规范学生操作（表33）并收集遇到的问题。

表33　学生规范操作表（一）

第＿＿＿组			
姓名：	姓名：	姓名：	姓名：
是否串岗（　）	是否串岗（　）	是否串岗（　）	是否串岗（　）
是否完成项目（　）	是否完成项目（　）	是否完成项目（　）	是否完成项目（　）
评价：优、良、差	评价：优、良、差	评价：优、良、差	评价：优、良、差

（3）老师指导：对操作现场进行安全检查，提醒学生注意安全，规范学生操作（表34），解决并收集学生遇到的问题，指导班长协助管理。

表34　学生规范操作表（二）

班长：

第一组组长	第二组组长	第三组组长	第四组组长
是否串岗（　）	是否串岗（　）	是否串岗（　）	是否串岗（　）
是否协调成员（　）	是否协调成员（　）	是否协调成员（　）	是否协调成员（　）
评价：优、良、差	评价：优、良、差	评价：优、良、差	评价：优、良、差

五、实训操作

1. 拆卸

（1）拆卸发动机气缸罩盖。

（2）拆卸发动机排气歧管隔热罩盖。

（3）断开氧传感器插接器，如图14所示。

（4）使用专用工具拆下氧传感器，如图15所示。

图 14　断开氧传感器插接器

图 15　使用专用工具拆下氧传感器

2. 检查

氧传感器一般有 4 根线，其中两根一样（多为黑线），另外两根不一样（多为一根灰线，一根白线）。

两根一样的线（两根黑线）为氧传感器加热电源线，另外两根不一样的线（灰线为地线）为氧传感器信号输出线，如图 16 所示。

检测方法：

（1）把白线剥开，接万用表正极，万用表的负极接电瓶负极，将万用表挡位调至直流 2V 挡（注意一定使用数字万用表）。

图 16　氧传感器信号输出线

（2）起动发动机，这时氧传感器电压应该为 0.4V 多，热车 2min 以上，氧传感器进入闭环工作状态，电压开始在 0.1~0.9V 之间来回波动，大约 10s 变动 8 次以上为正常。

（3）如果电压保持在 0.1V、0.4V、0.6 等不变动，则说明氧传感器可能损坏。如果发动机进气、燃烧不充分，氧传感器积炭，电压的变动幅度也会很小或不变，所以不能以此判定氧传感器已经损坏。

3. 安装

按拆卸时相反的顺序安装。

拧紧力矩：不用专用工具时为 44N·m，用专用工具时为 40N·m。

　六、练习与思考

（1）如何对氧传感器进行检测？

（2）如何拆装氧传感器？

七、实训报告

（1）成员实训报告如表 35 所示。

表 35　成员实训报告

姓名		班级		分组		日期	
实训项目							
实训内容							
自己评语							
老师评语							

（2）组长实训报告如表36所示。

表36　组长实训报告

姓名		班级		分组		日期	
实训项目							
实训内容							
第　　　组							
姓名：		姓名：		姓名：		姓名：	
是否串岗（　　）		是否串岗（　　）		是否串岗（　　）		是否串岗（　　）	
是否完成项目（　　）		是否完成项目（　　）		是否完成项目（　　）		是否完成项目（　　）	
评价：优、良、差		评价：优、良、差		评价：优、良、差		评价：优、良、差	
自己评语							
老师评语							

（3）班长实训报告如表 37 所示。

表 37　班长实训报告

姓名		班级		分组		日期	
实训项目							
实训内容							
第一组		第二组		第三组		第四组	
是否串岗（　）		是否串岗（　）		是否串岗（　）		是否串岗（　）	
是否完成项目（　）		是否完成项目（　）		是否完成项目（　）		是否完成项目（　）	
评价：优、良、差		评价：优、良、差		评价：优、良、差		评价：优、良、差	
自己评语							
老师评语							

项目七　曲轴位置传感器检测

一、实训目的

（1）掌握曲轴位置传感器的结构及工作原理。

（2）掌握曲轴位置传感器故障对整个电控系统的影响。

（3）掌握曲轴位置传感器的检测方法及数据分析方法。

二、实训前准备

（1）丰田卡罗拉汽车 1ZR 发动机 3 台。

（2）数字万用表 3 台。

（3）常用组合工具 1 套。

（4）示波器 1 台。

三、老师讲解示范

（1）拆卸。

（2）检查。

（3）安装。

四、实训管理

（1）学生分组：每组 4~5 人。先让学生自己分组，选出 1 名组长并记录名字，然后视情况进行适当调整，如表 38 所示。

表 38　学生分组表

第一组	第二组	第三组	第四组
组长：	组长：	组长：	组长：
成员：	成员：	成员：	成员：

（2）学生组长：协调成员，规范学生操作（表39）并收集遇到的问题。

表 39　学生规范操作表（二）

第___组			
姓名：	姓名：	姓名：	姓名：
是否串岗（　）	是否串岗（　）	是否串岗（　）	是否串岗（　）
是否完成项目（　）	是否完成项目（　）	是否完成项目（　）	是否完成项目（　）
评价：优、良、差	评价：优、良、差	评价：优、良、差	评价：优、良、差

（3）老师指导：对操作现场进行安全检查，提醒学生注意安全，规范学生操作（表40），解决并收集学生遇到的问题，指导班长协助管理。

表 40　学生规范操作表（二）

班长：

第一组组长	第二组组长	第三组组长	第四组组长
是否串岗（　）	是否串岗（　）	是否串岗（　）	是否串岗（　）
是否协调成员（　）	是否协调成员（　）	是否协调成员（　）	是否协调成员（　）
评价：优、良、差	评价：优、良、差	评价：优、良、差	评价：优、良、差

五、实训操作

1. 拆卸

（1）关闭点火开关。

（2）拆下蓄电池负极电缆。

（3）在发动机曲轴箱周围（一般在前端或后端）找到曲轴位置传感器并拔掉曲轴位置传感器

线束插头，如图 17 所示。

　　（4）用套筒拆卸曲轴位置传感器固定螺钉。

　　（5）用手将曲轴位置传感器从机体中拔出。

图 17　拔掉曲轴位置传感器线束插头

2. 检查

　　开路检测法：用万用表 $R \times 10$ 挡测量传感器感应线圈的电阻值，测量值应符合原厂规定，具体查看相关资料。以丰田卡罗拉汽车为例，其标准电阻值为 1850~2450 Ω（条件 20℃）。如不符合要求应予以更换。

3. 安装

　　按拆卸时相反的顺序安装。

 六、练习与思考

　　（1）如何拆装曲轴位置传感器？

　　（2）如何检测曲轴位置传感器？

七、实训报告

（1）成员实训报告如表 41 所示。

表 41　成员实训报告

姓名		班级		分组		日期	
实训项目							
实训内容							
自己评语							
老师评语							

（2）组长实训报告如表42所示。

表42　组长实训报告

姓名		班级			分组			日期	
实训项目									
实训内容									
第　　　组									
姓名：		姓名：		姓名：			姓名：		
是否串岗（　）		是否串岗（　）		是否串岗（　）			是否串岗（　）		
是否完成项目（　）		是否完成项目（　）		是否完成项目（　）			是否完成项目（　）		
评价：优、良、差		评价：优、良、差		评价：优、良、差			评价：优、良、差		
自己评语									
老师评语									

（3）班长实训报告如表 43 所示。

表 43 班长实训报告

姓名		班级		分组		日期	
实训项目							
实训内容							
第一组		第二组		第三组		第四组	
是否串岗（ ）		是否串岗（ ）		是否串岗（ ）		是否串岗（ ）	
是否完成项目（ ）		是否完成项目（ ）		是否完成项目（ ）		是否完成项目（ ）	
评价：优、良、差		评价：优、良、差		评价：优、良、差		评价：优、良、差	
自己评语							
老师评语							

项目八 供油系统检测

一、实训目的

（1）掌握供油系统的结构及工作原理。

（2）掌握供油系统故障对整个电控系统的影响。

（3）掌握供油系统的检测方法及数据分析方法。

二、实训前准备

（1）丰田卡罗拉汽车 1ZR 发动机 3 台。

（2）数字万用表 3 台。

（3）常用组合工具 3 套。

（4）示波器 1 台。

（5）喷油器检测清洗仪 1 台。

（6）燃油压力表。

三、老师讲解示范

（1）拆卸。

（2）检查。

（3）安装。

四、实训管理

（1）学生分组：每组 4~5 人。先让学生自己分组，选出 1 名组长并记录名字，然后视情况进行适当调整，如表 44 所示。

表 44　学生分组表

第一组	第二组	第三组	第四组
组长：	组长：	组长：	组长：
成员：	成员：	成员：	成员：

（2）学生组长：协调成员，规范学生操作（表45）并收集遇到的问题。

表 45　学生规范操作表（一）

第___组			
姓名：	姓名：	姓名：	姓名：
是否串岗（　　）	是否串岗（　　）	是否串岗（　　）	是否串岗（　　）
是否完成项目（　　）	是否完成项目（　　）	是否完成项目（　　）	是否完成项目（　　）
评价：优、良、差	评价：优、良、差	评价：优、良、差	评价：优、良、差

（3）老师指导：对操作现场进行安全检查，提醒学生注意安全，规范学生操作（表46），解决并收集学生遇到的问题，指导班长协助管理。

表 46　学生规范操作表（二）

班长：

第一组组长	第二组组长	第三组组长	第四组组长
是否串岗（　　）	是否串岗（　　）	是否串岗（　　）	是否串岗（　　）
是否协调成员（　　）	是否协调成员（　　）	是否协调成员（　　）	是否协调成员（　　）
评价：优、良、差	评价：优、良、差	评价：优、良、差	评价：优、良、差

 五、实训操作

注　意

①拆下任何供油系统零件之前，执行以下程序以防止燃油溅出。

②即使执行以下程序之后，压力仍保留在燃油管路内，断开燃油管路时，用抹布或一块布盖住断口处，以防燃油喷出或涌出。

1. 拆卸

（1）拆下后排座椅坐垫总成。

（2）拆下后地板检查修孔盖。

（3）从燃油泵总成上断开插接器。

（4）起动发动机，在发动机自然停止后，将点火开关置于OFF位置。

（5）再次起动发动机，确认不能起动。

（6）断开蓄电池负极电缆。

（7）拆卸喷油器线束插头。

（8）拆卸燃油共轨输油管。

（9）拆卸燃油共轨螺栓，如图18所示。

（10）拔出喷油器总成如图19所示。用塑料袋包住喷油器总成，以防止异物进入。

图18　拆卸燃油共轨螺栓

图19　拔出喷油器总成

（11）取出隔热密封圈。用塑料袋包住孔口，以防止异物进入。

2. 检查

（1）检查电阻。根据表47测量电阻。如果结果不符合规定，则更换喷油器总成。

表47　标准电阻表

检测仪连接	条件 /℃（°F）	规定状态 /kΩ
1—2	20℃（68°F）	11.6~12.4Ω

（2）专用试验台（图20）检测。

①技术要求。

a. 检测各缸喷油器喷油量。

单位时间内的喷油量应在规定值范围内。

各缸喷油量相差越小，发动机运转越平稳，相差过大，则应更换。

b. 检测各喷油器雾化情况。各缸雾化相似，不能有集束情况，不能有喷歪现象。

c. 检测各喷油器密封。停止喷射时，不能有燃油泄漏现象发生，规定时间内，泄漏量不能超过规定值，否则更换。

②喷油嘴检测操作步骤。

a. 接通电源。把电源线插头插在220V家用插座上，打开电源开关（显示屏亮起）。

b. 测量喷油嘴的阻抗。把要检测的喷油嘴安装到仪器上，按阻抗键即可判断喷油嘴的阻抗。

图20　试验台

c. 检查检测液液面高度。可从仪器观察检测液液面高度是否达到标准。未达到标准液面的，从加液口加注检测液。

d. 选择检测项目。

●检测喷油嘴是否滴漏。根据喷油嘴的型号选择接头并连接好，然后检查O形密封圈（若有损坏，则要更换），将喷油嘴安装在测试架上，按"油泵"键，将压力调至被检车出厂规定压力（最好高10%），观测喷油嘴是否滴漏，如发现1min滴漏量大于1滴（或符合技术标准），则要更换喷油嘴。

●检测喷油嘴在各工作环境中的工作状态。按选择键进入检测程序，可任意设定高、中、低速模拟状态，依次显示"3000"、"2400"、"0750"转速状态，按手动键，观测喷油角度及雾化状态，喷油角度要一致（或符合喷油嘴制造厂提供的技术标准），雾化要均匀，无射流现象，并根据数据检测喷油嘴均匀度，不合格者立即予以更换或者清洗。

●检测喷油嘴的常喷油量、喷油角度、雾化程度、喷油均匀度。关闭回油开关，确认油泵处于正常供油压力状态，然后按选择键进入清洗检测程序，显示"0015"，再按手动键，15s后观测试管的喷油量应为38~45ml（或按技术标准），均匀度误差小于5%，否则更换或者清洗喷油嘴。

> **注　意**
>
> 此检测参数为最主要及基本参数，因此，无论喷油嘴其他检测结果如何，只要该数据偏差在9%以上，则该喷油嘴必须清洗或建议全组更换。

e. 自动检测清洗分析。先按"油泵"键起动油泵，并把压力调至被检车系统油压规定的范围（最好高10%），然后按自动检测键，在自动检测清洗分析过程中其他键处于锁死状态，只有按复位选择键，系统才可恢复到初始状态。

●自动检测喷油角度、雾化程度和自动测试清洗。关闭回油开关，喷油嘴常喷15s，显示窗显示时间按15s循环至0，此时可观察喷油角度、喷油雾化程度，实现常喷测试，如发现有射流和喷油角度异常，需更换喷油嘴。

停止常喷60s，观察阻塞和滴漏量，显示窗显示时间60s，前30s观测测试数据；后30s打开回油键，回油结束的同时关闭回油开关。常喷检测结束，程序自动进入常规检测。

●自动怠速喷油量。

喷油脉宽按如下程序执行：

喷油转速（模拟多点喷射怠速工作）750 r/min；

喷油脉宽 3ms；

喷油时间 60s；

喷油次数 2000/ 次。

通过此程序可观测怠速工况，如喷油均匀度小于9%为合格，反之须更换或者清洗。

●自动检测最大动力喷油量

喷油脉宽按如下程序执行：

喷油转速 2400 r/min；

喷油脉宽 12ms；

喷油时间 25s；

喷油次数 1000 次。

通过此程序可观测最大工况时的喷油量，测定喷油嘴状况。

●自动检测高速喷油量

喷油脉宽按如下程序执行：

喷油转速 3000 r/min；

喷油脉宽 6ms；

喷油时间 20s；

喷油次数 1000 次。

通过此程序可观测高速工况和最大工况，再次测定喷油嘴状况。

●全过程喷油检测模式。

脉宽3ms，转速650r/min，上升到2250r/min，脉宽12 ms，后转速增至9950r/min，脉宽反降至2.1ms。后转速降至650r/min，脉宽恢复3ms。总共循环4次，运行时间50s，检测结束后等待30s，回油30s。

在自动检测过程中，若要中断工作，请按选择键。

f. 编程序检测清洗分析。按选择键一次，转速信号灯、脉宽信号灯、喷油次数信号灯、喷油时间信号灯循环显示。当信号灯亮时，表示处于当前选定工作状态。按住"+"或"−"键，选择合适转速、脉宽、喷油时间、喷油次数，然后按手动键，则程序记录下此时选择数据并执行命令。

g. 超声波清洗。把要检测的喷油嘴与脉冲输入信号线相连接，将超声波电源线与主机开关插座连接，然后把喷油嘴插在超声波清洗槽架上，加注清洗液至规定液面（液面高度一般是清洗槽深度的1/2），按下超声波清洗机开关，再按主机面板上的"手动"键，灯亮即可开始清洗。

（3）燃油压力检测。

①供油系统卸压。

②用电压表测量蓄电池电压，并对照标准电压值（表48）。

表 48 标准电压表

检测仪连接	条件 /℃（°F）	规定状态 /kΩ
正极端子 – 负极端子	点火开关置于 OFF 位置	11~14V

③从蓄电池负极（–）端子断开电缆。

④从主燃油管上断开燃油软管。

⑤用其他专用工具安装。

⑥擦掉所有汽油。

⑦将电缆连接到蓄电池负极（–）端子。

⑧打开点火开关，从 OFF 到 ON 重复几次，让油管中的油压上升。

⑨观察燃油压力表，油压不再上升。

⑩测量燃油压力。

燃油压力：304~343kPa。

如果燃油压力大于标准值，更换燃油压力调节器；如果燃油压力小于标准值，检查燃油软管及其连接情况、燃油泵、燃油滤清器和燃油压力调节器。

⑪ 再次进行油压检测。

⑫ 起动发动机。

⑬ 测量怠速时的燃油压力。

燃油压力：304~343kPa。

⑭ 关闭发动机。

⑮ 检查并确认燃油压力在发动机停止后 5min 内还能保持在 147kPa 以上。

燃油压力：147kPa。

如果燃油压力不符合规定，则检查燃油泵或喷油器。

⑯检查燃油压力后，从蓄电池负极(–)端子断开电缆，然后小心地拆下专用工具,以防汽油溅出。

⑰ 将燃油管重新连接到主燃油管上（燃油管插接器）。

（4）油泵检测。

①检测油泵阻值，根据表49，用欧姆表测量电阻。

表 49 标准电阻表

检测仪连接	条件 /℃	规定状态
1—2	20℃	0.2~3.0Ω

如果结果不符合规定，则更换燃油泵。

②检查工作情况，在两个端子之间施加蓄电池电压，检查并确认燃油泵工作。

如果电动机不工作，则更换燃油泵。

（5）检测油位传感器。

①拆下油位传感器总成。

②检查并确定浮子在 F 和 E 之间平滑移动。

③根据表 50，测量插接器端子 2 和 3 之间的电阻。

表 50　标准电阻表

浮子室液位高度	电阻 /Ω
F	13.5~16.5
在 E 和 F 之间	13.5~414.5（渐变）
E	405.5~141.5

注　意

①这些测试必须迅速完成（少于 10s），以防止线圈烧坏。

②使燃油泵尽量远离蓄电池。

③务必在蓄电池侧进行操作。

如果测量值不符合规定，则更换燃油表传感器总成。

3. 安装

（1）将新喷油器隔振垫安装到喷油器总成上。

（2）在喷油器总成 O 形圈接触面上涂抹一薄层汽油或锭子油。

（3）转动喷油器总成，以将其安装到输油管分总成上，如图 21 所示。

（4）其他部件按拆卸时相反的顺序安装。

图 21　安装喷油器总成

注　意

①不要扭曲 O 形圈。

②安装喷油器后，检查并确认它们可以平稳转动，如果不能平稳转动，换上新的 O 形圈。

 六、练习与思考

（1）如何对供油系统进行拆装？

（2）如何检测喷油嘴？

七、实训报告

（1）成员实训报告如表 51 所示。

表 51　成员实训报告

姓名		班级		分组		日期	
实训项目							
实训内容							
自己评语							
老师评语							

（2）组长实训报告如表52所示。

表 52　组长实训报告

姓名		班级		分组		日期	

实训项目	
实训内容	

第　　　组			
姓名：	姓名：	姓名：	姓名：
是否串岗（　）	是否串岗（　）	是否串岗（　）	是否串岗（　）
是否完成项目（　）	是否完成项目（　）	是否完成项目（　）	是否完成项目（　）
评价：优、良、差	评价：优、良、差	评价：优、良、差	评价：优、良、差

自己评语	
老师评语	

（3）班长实训报告如表53所示。

表53　班长实训报告

姓名		班级		分组		日期	
实训项目							
实训内容							
第一组		第二组		第三组		第四组	
是否串岗（　）		是否串岗（　）		是否串岗（　）		是否串岗（　）	
是否完成项目（　）		是否完成项目（　）		是否完成项目（　）		是否完成项目（　）	
评价：优、良、差		评价：优、良、差		评价：优、良、差		评价：优、良、差	
自己评语							
老师评语							

项目九 电控点火系统故障诊断

一、实训目的

（1）掌握电控点火系统的结构及工作原理。

（2）掌握电控点火系统故障对整个电控系统的影响。

（3）掌握电控点火系统的检测方法及数据分析方法。

二、实训前准备

（1）桑塔纳汽车 AJR 发动机 1 台。

（2）数字万用表 3 台。

（3）常用组合工具 3 套。

（4）示波器 1 台。

（5）化油清洗剂 2 罐。

三、老师讲解示范

（1）拆卸。

（2）检查。

（3）安装。

四、实训管理

（1）学生分组：每组 4~5 人。先让学生自己分组，选出 1 名组长并记录名字，然后视情况进行适当调整，如表 54 所示。

表 54　学生分组表

第一组	第二组	第三组	第四组
组长：	组长：	组长：	组长：
成员：	成员：	成员：	成员：

（2）学生组长：协调成员，规范学生操作（表55）并收集遇到的问题。

表 55　学生规范操作表（一）

第＿＿＿组			
姓名：	姓名：	姓名：	姓名：
是否串岗（　　）	是否串岗（　　）	是否串岗（　　）	是否串岗（　　）
是否完成项目（　　）	是否完成项目（　　）	是否完成项目（　　）	是否完成项目（　　）
评价：优、良、差	评价：优、良、差	评价：优、良、差	评价：优、良、差

（3）老师指导：对操作现场进行安全检查，提醒学生注意安全，规范学生操作（表56），解决并收集学生遇到的问题，指导班长协助管理。

表 56　学生规范操作表（二）

班长：

第一组组长	第二组组长	第三组组长	第四组组长
是否串岗（　　）	是否串岗（　　）	是否串岗（　　）	是否串岗（　　）
是否协调成员（　　）	是否协调成员（　　）	是否协调成员（　　）	是否协调成员（　　）
评价：优、良、差	评价：优、良、差	评价：优、良、差	评价：优、良、差

五、实训操作

1. 分析 AJR 发动机点火系的特点

AJR 发动机点火系统具有以下特点：

（1）无分电器双火花塞直接点火系统。

（2）当两组点火线圈发生故障时，发动机立即熄火或不能起动。

（3）如果一个火花塞开路使这个点火回路断开，那么和它共用一个点火线圈的火花塞也会因电气线路故障而不能跳火。

（4）如果一个火花塞由于短路而不能跳火，但电气回路没有断开，那么和它共用一个点火线圈的火花塞仍然能够跳火。

2. 检查

（1）检测电阻。电阻检测为辅助性检测，主要检测线束的导通性，以确认线束通畅，无断路、短路，插接器连接牢靠，各信号传递无干扰。

①检测线束导通性。将数字万用表调至电阻200Ω挡，按电路图找到点火线圈上的引脚号与ECU信号端口对应的引脚号，分别检测点火线圈引脚与其对应的电控单元引脚之间的电阻，所有电阻应低于0.5Ω，如表57所示。

表57 点火线圈（N152）线路电阻的测量

电脑接脚	点火线圈引脚	导通性
搭铁点	4	通
中央电器盒D23	2	通
78	3	<0.5
71	1	<0.5

②检测线束短路性。将数字万用表调至电阻200kΩ挡，测量点火线圈引脚与其不相对应的电控单元引脚之间的电阻为。

③检测分火线的电阻。将数字万用表调至电阻200kΩ挡，分别测量1缸至4缸分火线之间的电阻，其阻值应在规定范围内。

（2）检测电压。检测电压有检测电源电压和检测信号电压两部分，其中信号电压是确定点火线圈是否失效的主要依据。

①检测电源电压。打开点火开关，将数字万用表调至直流电压20V挡，红色表笔置于点火线圈1引脚，黑色表笔置于负极，所测电压应为蓄电池的电压。

②检测信号电压。起动发动机至工作温度后熄火，拔下4个喷油器的插头和点火线圈的4针插头，打开点火开关，用发光二极管检测灯连接发动机接地点和插头端子1，接通起动机数秒，检测灯闪亮；然后用检测灯连接发动机接地点和插头端子3，接通起动机数秒，检测灯闪亮。

（3）拆装及检测火花塞。

①拆解火花塞时，应用火花塞专用工具拆卸。

> **注 意**
>
> 拆出火花塞后，应用塑料袋或胶带暂时将火花塞孔封住，以防止异物进入；安装的顺序与拆卸时的顺序相反，要求按规定力矩拧紧。

②检测。

a.火花塞烧蚀。当火花塞顶端有疤痕或遭到破坏、电极出现熔化和烧蚀现象时，都表明火花塞已经损坏，此时应该更换火花塞。在更换过程中注意检查火花塞烧蚀的征象以及颜色的变化。

●电极熔化且绝缘体呈白色。

诊断：这种现象表明燃烧室内温度过高。这可能是燃烧室内积炭过多，从而造成气门间隙过小，进一步引发排气门过热或是冷却装置工作不良造成的。火花塞未按规定力矩拧紧也会造成电极熔化，绝缘体呈现白色的现象。

●电极变圆且绝缘体结有疤痕。

诊断：这表明发动机早燃，可能是点火时间过早、汽油辛烷值过低、火花塞热值过高等原因造成的。

●绝缘体顶端碎裂。

诊断：一般来说，爆震燃烧是绝缘体破裂的主要原因，而点火时间过早、汽油辛烷值低、燃烧室内温度过高都可能导致发动机爆震燃烧。

●绝缘体顶端有灰黑色条纹。

诊断：这种条纹的出现表明火花塞已经漏气，应更换新件。

b. 火花塞上有沉积物。火花塞绝缘体的顶端和电极间有时会粘上沉积物。严重时这种情况可能造成发动机不能正常工作。在清洁火花塞后，车辆暂时可以正常运转，但不久后又会出现类似情况。事实上，火花塞出现沉积物只是一个表面现象，这有可能是车辆其他机械部件出现问题的信号。

●火花塞上有油性沉积物。

诊断：当火花塞上出现油性沉积物时，就表明润滑油已进入燃烧室内。如果只是个别火花塞上有油性沉积物，则可能是气门杆油封损坏造成的。但如果各个缸体的火花塞都粘有这种沉积物，则表现气缸出现窜油现象。一般来说，在空气滤清器和通风装置堵塞的情况下，气缸极易出现窜油的现象。

●火花塞上有黑色沉积物。

诊断：火花塞电极和内部有黑色沉积物，通常表明气缸内混合气体过浓。可以提高发动机运转速度，并持续几分钟，借以烧掉留在电极上面的一层黑色煤烟层。

（4）调整火花塞电极间隙。

各种车型的火花塞间隙均有差异，一般为 0.7 ~ 0.9mm，检查间隙大小，可用火花塞量规或薄的金属片进行。间隙过大时，可用螺钉旋具手柄轻轻敲打外电极，使其间隙正常；间隙过小时，可利用螺钉旋具或金属片插入电极向外扳动（维修应查阅相关火花塞的标准间隙）。

图 22　火花塞

（5）清洗火花塞。

可用超声波或化油清洗剂配合毛刷来清洗火花塞（图 22），有些难洗的火花塞可以用清洗剂泡一段时间，再重复清洗。

注　意

火花塞的电极不能用硬物（如锯条、砂纸等）去抠、去刮、去锉（有一些火花塞的电极表面镀了一层非常薄的贵重金属或者只镶了一个贵重金属的点在上面，用硬物容易将其刮伤）。

六、练习与思考

（1）如何对火花塞进行拆装?

（2）火花塞的检查有哪些?

（1）成员实训报告如表 58 所示。

表 58　成员实训报告

姓名		班级		分组		日期	
实训项目							
实训内容							
自己评语							
老师评语							

（2）组长实训报告如表59所示。

表 59　组长实训报告

姓名		班级		分组		日期	
实训项目							
实训内容							

第　　组

姓名：	姓名：	姓名：	姓名：
是否串岗（　）	是否串岗（　）	是否串岗（　）	是否串岗（　）
是否完成项目（　）	是否完成项目（　）	是否完成项目（　）	是否完成项目（　）
评价：优、良、差	评价：优、良、差	评价：优、良、差	评价：优、良、差

自己评语	
老师评语	

（3）班长实训报告如表 60 所示。

表 60　班长实训报告

姓名		班级		分组		日期	
实训项目							
实训内容							

第一组	第二组	第三组	第四组
是否串岗（　　）	是否串岗（　　）	是否串岗（　　）	是否串岗（　　）
是否完成项目（　　）	是否完成项目（　　）	是否完成项目（　　）	是否完成项目（　　）
评价：优、良、差	评价：优、良、差	评价：优、良、差	评价：优、良、差

自己评语	
老师评语	

项目十　发动机怠速不稳故障综合分析

一、实训目的

（1）掌握发动机怠速不稳故障的原理。

（2）掌握发动机怠速不稳故障对整个电控系统的影响。

（3）掌握发动机怠速不稳故障的检测方法及数据分析方法。

二、实训前准备

（1）丰田卡罗拉汽车 1ZR 发动机 3 台。

（2）数字万用表 3 台。

（3）常用组合工具 3 套。

（4）示波器 1 台。

三、老师讲解示范

（1）拆卸。

（2）检查。

（3）安装。

四、实训管理

（1）学生分组：每组 4~5 人。先让学生自己分组，选出 1 名组长并记录名字，然后视情况进行适当调整，如表 61 所示。

表 61　学生分组表

第一组	第二组	第三组	第四组
组长：	组长：	组长：	组长：
成员：	成员：	成员：	成员：

（2）学生组长：协调成员，规范学生操作（表62）并收集遇到的问题。

表 62　学生规范操作表（一）

第＿＿＿组			
姓名：	姓名：	姓名：	姓名：
是否串岗（　　）	是否串岗（　　）	是否串岗（　　）	是否串岗（　　）
是否完成项目（　　）	是否完成项目（　　）	是否完成项目（　　）	是否完成项目（　　）
评价：优、良、差	评价：优、良、差	评价：优、良、差	评价：优、良、差

（3）老师指导：对操作现场进行安全检查，提醒学生注意安全，规范学生操作（表63），解决并收集学生遇到的问题，指导班长协助管理。

表 63　学生规范操作表（二）

班长：

第一组组长	第二组组长	第三组组长	第四组组长
是否串岗（　　）	是否串岗（　　）	是否串岗（　　）	是否串岗（　　）
是否协调成员（　　）	是否协调成员（　　）	是否协调成员（　　）	是否协调成员（　　）
评价：优、良、差	评价：优、良、差	评价：优、良、差	评价：优、良、差

 五、实训操作

实训时通过试验台故障设置开关或拆卸真空管等设置故障，指导学生分析并排除故障。

1. 故障设置

（1）进气系统或真空系统漏气。

（2）怠速调整过低或未进行正确的调整、设定。

（3）怠速开关调整不当，在怠速时怠速开关不闭合。

（4）空气流量计故障。

（5）冷却液温度传感器信号不正确。

（6）氧传感器失效或反馈控制电路故障。

（7）EGR 阀卡住常开，不能关闭。

（8）火花塞或高压线不良等点火系统故障导致的缺火故障。

（9）点火正时失准。

（10）气缸压缩压力过低。

（11）可变配气机构故障。

2. 发动机急速不稳故障分析思路及排除步骤

发动机怠不稳故障分析的基本思路："电"、"油"、"气"。

发动机怠速不稳故障排除步骤如图 23 所示。

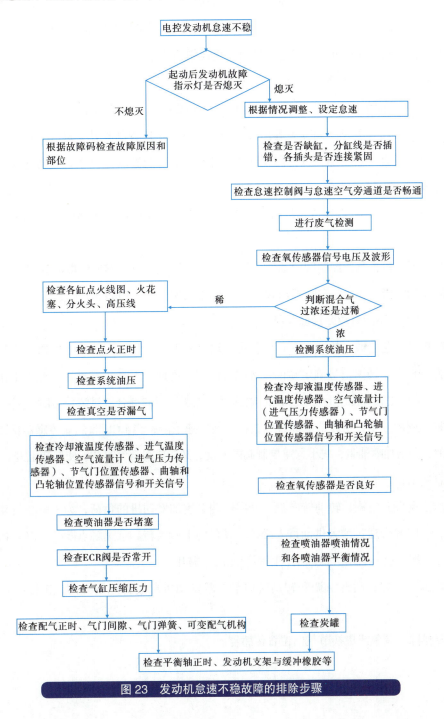

图 23　发动机怠速不稳故障的排除步骤

3. 发动机故障诊断与排除

（1）进气管漏气故障诊断与排除。

①故障现象。由发动机的怠速控制原理可知，在正常情况下，怠速控制阀开度增大，进气量相应增加。进气管漏气，使进气量与怠速控制阀的开度有偏差，空气流量传感器无法测出真实的进气量，造成 ECU 对进气量控制不准确，导致发动机怠速不稳。

②故障原因。若听见进气管有泄漏的"哧哧"声，则证明进气系统漏气。

③故障排除。查找泄漏处，重新进行密封或更换相关部件。

（2）怠速控制阀故障诊断与排除。

①故障现象。电喷发动机的正常怠速是通过怠速控制阀（ISC）来保证的。ECU 根据发动机转速、温度、节气门开关及空调开关等信号，经过运算对怠速控制阀开大进气旁通道或直接加大节气门的开度，使进气量增加，以提高发动机转速怠速；当怠速转速高于设定转速时，ECU 便指令怠速控制阀关小进气旁通道，使进气量减少，降低发动机转速。由油污、积炭造成的怠速控制阀动作发卡或节气门关闭不到位等故障会使 ECU 无法对发动机进行正确的怠速调节，造成怠速不稳。

②故障原因。检查怠速控制阀的动作声音，若无动作声音，则怠速控制阀有故障。

③故障排除。清洗或更换怠速控制阀，并用专用解码器对怠速进行基本设定。

（3）怠速开关不闭合故障诊断与排除。

①故障现象。怠速触点断开，ECU 便判定发动机处于部分负荷状态，此时 ECU 根据空气流量传感器和曲轴位置、转速信号确定喷油量和喷油时间。而此时发动机在怠速工况下工作，进气量较少，造成混合气过浓，转速上升。当 ECU 收到氧传感器反馈的混合气过浓信号时，会减少喷油量，增加怠速控制阀的开度，由此造成混合气过稀，使转速下降；当 ECU 收到氧传感器反馈的混合气过稀信号时，会增加喷油量，减小怠速控制阀的开度，又造成混合气过浓，使转速上升。如此反复，使发动机怠速不稳。

在怠速工况下开空调、转动转向盘、开照灯均会增加发动机的负荷，为了防止发动机因负荷增大而熄火，ECU 会通过增大供油量来维持发动机的平衡运转。怠速触点断开，ECU 认为发动机不处于怠速工况，就不会增大供油量，因而转速没有提升。

②故障原因。怠速时开空调和转动转向盘，若发动机怠速转速不升高，则证明怠速开关不闭合。

③故障排除。调整或更换节气门位置传感器。

（4）喷油器滴漏或堵塞故障诊断与排除。

①故障现象。喷油器滴漏或堵塞，使其无法按照 ECU 的指令进行喷油，从而造成混合气过浓或过稀，使个别气缸工作不良，导致发动机怠速不稳。由喷油器的堵塞引起的混合气过稀，还会使氧传感器产生低电位信号，ECU 会根据此信号发出加浓混合气的指令，在指令超出调控极限时，ECU 会误认为氧传感器存在故障，并记忆故障码。

②故障原因。用听诊器检查喷油器是否发出"咔叽咔叽"动作声或测量喷油器的喷油量。若喷油器无动作声或喷油量超出标准，则喷油器有故障。

③故障排除。清洗、检查每个喷油器的喷油量并确认无堵塞、滴漏现象。

（5）排气系统堵塞故障诊断与排除

①故障现象。当三元催化转化器内部因积炭、破碎等原因造成局部堵塞时，会加大排气阻力，使进气管负压降低，造成发动机排气不畅、进气不充分，致使发动机工作性能变差，怠速发抖，可能还会造成 ECU 记忆关于空气流量传感器的故障码。若该故障长时间不排除，将使氧传感器长期在恶劣条件下工作，加速氧传感器的损坏，造成发动机故障指示灯亮。

②故障原因。加速时常常伴有发闷的声音，则可确定三元催化转化器堵塞。

③故障排除。更换三元催化转化器。

（6）怠速工况时 EGR 阀开启故障诊断与排除。

①故障现象。EGR 阀只有在发动机小负荷时才开启，EGR 的作用是使一部分废气进入燃烧室，降低燃烧室内的温度，减少 NO_x 的排放量。但过多的废气参与燃烧，会影响混合气的着火性能，从而影响发动机的动力性，特别是在发动机怠速、低速和小负荷等工况时（这时 ECU 控制废气不参与燃烧，避免发动机性能受影响）。若 EGR 阀在发动机怠速时开启，使废气进入燃烧室参与燃烧，燃烧就变得不稳定，有时甚至失火。

②故障原因。拆下 EGR 阀，把废气再循环通道堵死，故障现象消失即为此故障。

③故障排除。此故障大多是由于 EGR 阀被积炭卡死在常开位置所造成的，消除 EGR 阀上的积炭或更换 EGR 阀，故障即可排除。

 六、练习与思考

（1）发动机怠速不稳故障的诊断步骤是什么？

（2）如何对喷油器滴漏故障进行诊断？

七、实训报告

（1）成员实训报告如表 64 所示。

表 64　成员实训报告

姓名		班级		分组		日期	
实训项目							
实训内容							
自己评语							
老师评语							

（2）组长实训报告如表 65 所示。

表 65　组长实训报告

姓名		班级		分组		日期	
实训项目							
实训内容							
第　　　组							
姓名：		姓名：		姓名：		姓名：	
是否串岗（　　）		是否串岗（　　）		是否串岗（　　）		是否串岗（　　）	
是否完成项目（　　）		是否完成项目（　　）		是否完成项目（　　）		是否完成项目（　　）	
评价：优、良、差		评价：优、良、差		评价：优、良、差		评价：优、良、差	
自己评语							
老师评语							

（3）班长实训报告如表66所示。

表 66　班长实训报告

姓名		班级			分组			日期	
实训项目									
实训内容									

第一组	第二组	第三组	第四组
是否串岗（　）	是否串岗（　）	是否串岗（　）	是否串岗（　）
是否完成项目（　）	是否完成项目（　）	是否完成项目（　）	是否完成项目（　）
评价：优、良、差	评价：优、良、差	评价：优、良、差	评价：优、良、差

自己评语	
老师评语	

项目十一　发动机不起动故障诊断

一、实训目的

（1）掌握发动机不起动故障诊断思路。

（2）掌握发动机不起动故障对整个电控系统的影响。

（3）掌握发动机不起动故障的检测与分析方法。

二、实训前准备

（1）丰田卡罗拉汽车 1ZR 发动机 3 台。

（2）数字万用表 3 台。

（3）常用组合工具 3 套。

（4）示波器 1 台。

三、老师讲解示范

（1）拆卸。

（2）检查。

（3）安装。

四、实训管理

（1）学生分组：每组 4~5 人。先让学生自己分组，选出 1 名组长并记录名字，然后视情况进行适当调整，如表 67 所示。

表 67　学生分组表

第一组	第二组	第三组	第四组
组长：	组长：	组长：	组长：
成员：	成员：	成员：	成员：

（2）学生组长：协调成员，规范学生操作（表 68）并收集遇到的问题。

表 68　学生规范操作表（一）

第___组			
姓名：	姓名：	姓名：	姓名：
是否串岗（　）	是否串岗（　）	是否串岗（　）	是否串岗（　）
是否完成项目（　）	是否完成项目（　）	是否完成项目（　）	是否完成项目（　）
评价：优、良、差	评价：优、良、差	评价：优、良、差	评价：优、良、差

（3）老师指导：对操作现场进行安全检查，提醒学生注意安全，规范学生操作（表 69），解决并收集学生遇到的问题，指导班长协助管理。

表 69　学生规范操作表（二）

班长：

第一组组长	第二组组长	第三组组长	第四组组长
是否串岗（　）	是否串岗（　）	是否串岗（　）	是否串岗（　）
是否协调成员（　）	是否协调成员（　）	是否协调成员（　）	是否协调成员（　）
评价：优、良、差	评价：优、良、差	评价：优、良、差	评价：优、良、差

 五、实训操作

发动机不起动故障分析的基本思路："电"、"油"、"气"。

实训时通过试验台设置故障，指导学生分析并排除故障。

1. 检查蓄电池

用万用表直流 20V 挡检查蓄电池电压是否正常。

2. 检查起动机

打开点火开关，用万用表直流 20V 挡检查起动机 30、50 端子电压均为蓄电池电压。检查起动机是否正常工作。

3. 分缸试火

逐个气缸拔下火花塞分缸高压线并使高压线接头距缸体 6 ~ 10mm，起动发动机进行跳火试验，火花应该呈蓝白色或紫蓝色。如果无火或火花很弱，可初步确诊为点火系统故障。

4. 检查喷油

打开点火开关，逐个气缸拔下喷油器线束插头，用万用表检查电压及电阻是否正常。

5. 检查火花塞

拆下火花塞，检查火花塞上是否有水、是否有油等"淹缸"现象。检查火花塞电极的间隙及电极质量是否符合厂家标准（火花塞间隙一般为 0.6 ~ 1.0mm），并进行跳火试验。

6. 检查油压

关闭点火开关，轻轻拔出燃油共轨进油软管，检查是否有油压（注意用抹布捂住软管接头以防止燃油回溅），以及油泵是否工作等。

7. 检查点火正时

（1）检查正时记号是否对准。

（2）检查分缸线次序。例如，桑塔纳汽车四缸机发火顺序为 1—3—4—2（顺时针）。

8. 检查气缸缸压

用缸压表逐缸测量气缸压，每缸测量 3 次，取最大值，应符合技术标准（一般轿车的缸压为 1.0 ~ 1.3MPa，各缸缸压不低于标准值的 15%，缸压差不大于 3%）。

9. 检查发动机机械

用缸压表检测缸压时，各缸缸压过低可能是活塞环、气门、气缸垫冲坏，缸体、缸盖结合面不平导致漏气或起动时异响，以此可判断机械内部故障。

10. 故障诊断

（1）发动机不能起动，且无着车征兆故障诊断。

①故障现象。接通起动开关时，起动机能带动发动机正常转动，但发动机不能工作，且无着车征兆。

②故障原因

●点火系统故障。

●起动时节气门全开。

●电动燃油泵不工作。

●喷油器不工作。

●油路压力过低。

●油箱中无油。

●发动机气缸压缩压力过低。

③故障诊断与排除。电控燃油喷射发动机通常具有较好的起动性能。燃油喷射系统的一般故障通常不会导致发动机不能起动。如果出现不能起动且无着车征兆的故障，其

原因一定在发动机点火系统、燃油系统或电控系统三者之中。因此，不能起动的故障诊断和排除应重点集中在上述 3 个系统中。

●对于不能起动的故障，一般应先检查油箱存油情况。打开点火开关，若燃油表指针不动或油量报警灯亮，则说明油箱内无油，应加油后再起动。

●采用正确的起动操作方法。电控燃油喷射发动机在起动时不要踩加速踏板。起动电控发动机车辆不能套用化油器式发动机的起动方法，在起动时将加速踏板完全踩下或反复踩加速踏板，非但不能增加供油量，还会使溢油消除功能起作用，从而导致喷油器不喷油，造成不能起动。

●检查点火系统。导致发动机不能起动的最常见原因是点火系统故障。在进行进一步检查之前，应先排除点火系统的故障（在检查电控燃油喷射发动机的点火系统有无高压火花时应采用正确的方法，不可沿用检查传统触点式点火系统高压火花的做法，以防损坏点火系统中的电子元件）。

如果没有高压火花或火花很弱，说明点火系统有故障。在查找故障部位之前，可先进行发动机故障自诊断，检查有无故障码。电控燃油喷射发动机的故障自诊断系统通常能检测出点火系统中的曲轴位置传感器（点火信号发生器）及点火器的故障。如有故障码，则可按显示的故障码查找故障部位；如无故障码，则应分别检查点火系统中的高压线、分电器盖、高压线圈、点火器、分电器。点火系统中最容易损坏的零件是点火器，应重点检查。

●检查电动燃油泵是否工作正常。电动燃油泵不工作是造成发动机不能起动的常见故障。打开点火开关，从油箱口处应能听到燃油泵运转的声音；也可用手捏住进油管，应能感觉到进油管的油压脉动；或拆下油压调节器上的回油管，应有汽油流出。

如果电动燃油泵不工作，应检查熔断器、继电器及电动燃油泵控制电路等。如果电路正常，则说明电动燃油泵有故障，应更换。

如果在检查中电动燃油泵工作，可试一下发动机在这种状态下能否起动。若发动机可以起动，说明电动燃油泵控制电路有故障，使燃油泵在发动机起动时不工作。对此，应检查电动燃油泵控制电路。

●检查喷油器是否喷油。如果点火系统和电动燃油泵工作都正常，则应进一步检查喷油控制系统。在起动发动机时，检查各喷油器有无工作的声音。如果喷油器不工作，可将一个大阻抗的

试灯接在喷油器的线束插头上。如果在起动发动机时试灯闪亮，则说明喷油控制系统工作正常，喷油器有故障，应更换；如果试灯不闪亮，则说明喷油控制系统或控制线路有故障。对此，应检查喷油器电源熔断器是否被烧坏，喷油器降压电阻是否被烧坏，喷油器与电源之间的接线是否良好，计算机的电源继电器与计算机之间的接线是否良好。如果外部电路均正常，则可能是 ECU 内部有故障，可通过测量计算机各引脚电压是否正常来判断计算机有无故障，或用一个好的 ECU 替换故障 ECU 看发动机能否起动。如发动机能起动，可确定为计算机故障。

●检查燃油系统压力。燃油系统油压过低会造成喷油量过少，导致发动机不能起动。在电动燃油泵运转时检查燃油系统油压。在发动机未运转的状态下，正常燃油压力应达 300kPa 左右。

如果燃油压力过低，可阻断回油通路，若燃油压力迅速上升，说明油压调节器有故障而造成油压过低，应更换油压调节器；若燃油压力上升缓慢或不上升，则说明油路堵塞或电动燃油泵有故障。应先拆检燃油滤清器。如滤清器堵塞，则应予更换；如滤清器良好，则应更换电动燃油泵。

●检查气缸压缩压力。若上述检查均正常，则应进一步检查发动机气缸压缩压力。若气缸压缩压力低于标准值，则说明气缸密封性不好，按气缸压缩压力不足情况查找故障。

（2）有着车征兆，但发动机不能起动故障诊断。

①故障现象。发动机正常转动，有轻微着车征兆，但不能起动。

②故障原因。

●进气管漏气。

●点火提前角不正确。

●高压火花过弱。

●冷起动喷油器不工作。

●燃油压力过低。

●冷却液温度传感器故障。

●空气滤清器堵塞。

●空气流量计故障。

●喷油器漏油。

●喷油控制系统故障。

●气缸压力过低。

③故障诊断与排除。有着车征兆但不能起动，说明点火系统、燃油喷射系统和控制系统虽有故障，但没有完全丧失功能。不能起动的原因可能是高压火花过弱或点火正时不正确、混合气过稀、混合气过浓、气缸压力过低等。一般先检查点火系统，再检查进气系统、燃油系统、电控系统，最后检查发动机气缸压力。诊断步骤如下：

●检查有无故障码。如有故障码，则可按显示的故障码查找相应的故障原因。要注意所显示的故障码不一定都与发动机不能起动有关，间歇性故障一般不会影响发动机的起动性能。影响起动性能的部件主要有曲轴位置传感器、冷却液温度传感器、空气流量计等。

●检查高压火花。除了检查分电器高压总线上的高压火花是否正常外，还要进一步检查各缸高压分线上的高压火花是否正常。若总线火花太弱，应更换高压线圈；若总线火花正常而分线火花较弱或断火，说明分电器盖或分火头漏电，应予以更换。

●检查空气滤清器。如果滤芯过脏堵塞，可拆掉滤芯后再起动发动机。如发动机能正常起动，则应更换滤芯。

●检查进气系统有无漏气。在空气流量计之后的进气管道有漏气就会影响进气量测量的准确性，使混合气变稀。严重的漏气会导致发动机不能起动。检查中应仔细查看空气流量计之后的进气软管有无破裂，各处接头卡箍有无松脱，谐振腔有无破裂，曲轴箱通风软管是否接好。燃油蒸发回收系统和废气再循环系统在起动及怠速运转中是不工作的。如果它们在起动时就进入工作状态，就会影响起动性能。将燃油蒸发回收软管或废气再循环管道堵住，再起动发动机，若其能正常起动，说明该系统有故障，应认真检查。

●检查火花塞。火花塞间隙过大、过小、有裂纹或积炭严重也会影响起动性能。火花塞正常间隙一般为 0.8mm，有些高能电子点火系统火花塞间隙较大，可达 1.2mm。如火花塞间隙过大、过小，应按车型维修手册所示标准值进行调整，注意检查火花塞有无积炭、裂纹等。

●如果火花塞表面只有少量潮湿的汽油，说明喷油器喷油量过少。先检查起动时电动燃油泵是否工作。若在起动时电动燃油泵不工作，应检查控制电路。如果电动燃油泵工作而不能起动，应进一步检查燃油压力，如果燃油压力过低，应检查燃油滤清器、油压调节器及燃油泵有无故障。

●如果火花塞表面有大量潮湿的汽油，说明气缸出现"呛油"现象，可拆下所有火花塞，对其进行干柴处理，再让气缸中的汽油挥发掉，装上火花塞重新起动。如果气缸仍出现"呛油"现象，应拆卸喷油器，检查喷油器有无漏油。

●空气流量计或冷却液温度传感器故障也会引起喷油量过大或过小。如果出现这种情况，应对照车型维修手册中的有关数据测量这两个传感器。

●检查点火正时。如果点火提前角不准，校准点火正时后再起动发动机检查故障是否排除。

●检查冷起动喷油器是否工作。拔下冷起动喷油器线束插头，用试灯或电压表测量。在起动时，线束插头内应有电压。如无电压，应检查冷起动喷油器控制电路。

●检查气缸压缩压力是否符合标准。

 六、练习与思考

（1）发动机不能起动应该从哪些方面着手检查？

（2）有着车征兆，但是发动机起动不了，可能是哪些原因造成的？

七、实训报告

（1）成员实训报告如表 70 所示。

表 70　成员实训报告

姓名		班级		分组		日期	
实训项目							
实训内容							
自己评语							
老师评语							

（2）组长实训报告如表71所示。

表 71　组长实训报告

姓名		班级		分组		日期	
实训项目							
实训内容							

<table>
<tr><td colspan="8" align="center">第　　组</td></tr>
<tr><td colspan="2">姓名：</td><td colspan="2">姓名：</td><td colspan="2">姓名：</td><td colspan="2">姓名：</td></tr>
<tr><td colspan="2">是否串岗（　　）</td><td colspan="2">是否串岗（　　）</td><td colspan="2">是否串岗（　　）</td><td colspan="2">是否串岗（　　）</td></tr>
<tr><td colspan="2">是否完成项目（　　）</td><td colspan="2">是否完成项目（　　）</td><td colspan="2">是否完成项目（　　）</td><td colspan="2">是否完成项目（　　）</td></tr>
<tr><td colspan="2">评价：优、良、差</td><td colspan="2">评价：优、良、差</td><td colspan="2">评价：优、良、差</td><td colspan="2">评价：优、良、差</td></tr>
<tr><td colspan="2">自己评语</td><td colspan="6"></td></tr>
<tr><td colspan="2">老师评语</td><td colspan="6"></td></tr>
</table>

（3）班长实训报告如表 72 所示。

表 72　班长实训报告

姓名		班级		分组		日期	
实训项目							
实训内容							

第一组	第二组	第三组	第四组
是否串岗（　　）	是否串岗（　　）	是否串岗（　　）	是否串岗（　　）
是否完成项目（　　）	是否完成项目（　　）	是否完成项目（　　）	是否完成项目（　　）
评价：优、良、差	评价：优、良、差	评价：优、良、差	评价：优、良、差

自己评语	
老师评语	